蝉

麻雀

猫头鹰

原来城市里 有这么多 野生动物！

街道篇

在家门口探索大自然，观察身边的93种野生动物！

[日]儿童俱乐部 编　　周颖琪 译

燕子

貉

蜗牛

天津出版传媒集团
天津科学技术出版社

著作权合同登记号：图字 02-2022-277

图书在版编目（CIP）数据

原来城市里有这么多野生动物！：全 3 册 / 日本儿
童俱乐部编；周颖琪译 . -- 天津：天津科学技术出版
社，2023.6
    ISBN 978-7-5742-0722-6

    Ⅰ . ①原… Ⅱ . ①日… ②周… Ⅲ . ①野生动物 - 普
及读物 Ⅳ . ① Q95-49

    中国版本图书馆 CIP 数据核字 (2022) 第 243338 号

原来城市里有这么多野生动物！
YUANLAI CHENGSHI LI YOU ZHEME DUO YESHENG DONGWU！
责任编辑：韩　瑞
责任印制：兰　毅
出　　版：天津出版传媒集团
　　　　　天津科学技术出版社
地　　址：天津市西康路 35 号
邮　　编：300051
电　　话：(022）23332390
网　　址：www.tjkjcbs.com.cn
发　　行：新华书店经销
印　　刷：河北中科印刷科技发展有限公司

开本 889×1092　1/16　印张 6.75（全 3 册）　字数 135 000（全 3 册）
2023 年 6 月第 1 版第 1 次印刷
定价：99.90 元（全 3 册）

前言

在一所幼儿园门前的路面上，有人用油漆画出了脚印的图案，请看右边第一张照片。

"这是什么呀？"

"是小猫的脚印。"

"小猫回家去了吗？"

"你看，脚趾朝着这边，小猫是出门去啦！"

可想而知，幼儿园的老师和孩子们之间一定会发生这样的对话。

再来看看右边第二张照片，这又是什么动物的脚印呢？

这不是小猫的脚印，而是某种野生动物的脚印。照片的拍摄地点是小路边的水沟旁。

其实，大城市里也生活着各种各样的野生动物。只不过，它们一般不会在人来人往的区域露面，而且大部分只在夜里活动，就更不常见了。但就像照片里所显示的那样，我们经常能找到野生动物留下的痕迹。

《原来城市里有这么多野生动物！》系列图书，就是要带领大家去发现野生动物的脚印、吃剩的东西和粪便等各种痕迹，并解开"这到底是谁留下的"这个谜题。本系列图书一共分为以下三册：

① 街道篇　② 森林篇　③ 水边篇

"丢三落四的冒失鬼，到底是谁呀？""它长什么样子呀？"光是想一想这些问题，就让人觉得很激动呢！

来，和我们一起寻找"失物"和"失主"吧！

(※这套书里所说的"失物"，除了脚印、吃剩的东西和粪便，还可以指巢、蛋等所有生物存在过的证据。)

目录

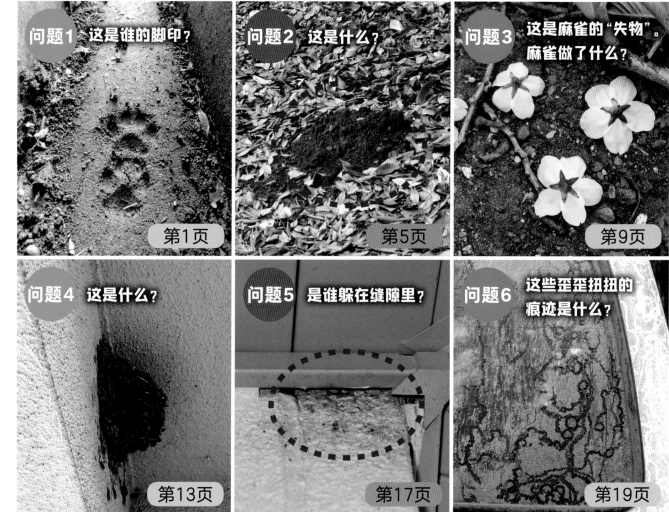

城市里的动物情报

答案 貉 的 脚印

识别要点是爪子印

　　貉的脚印圆滚滚的，上面有明显的爪子印。它的脚印连起来不是一条直线，而是呈"之"字形。仔细看看右边的照片，你会发现貉的前脚印被后脚印踩到了一点点，貉留下的脚印经常是这样的。

爪子印

后脚印

前脚印

比比看！ 猫的脚印和狗的脚印

　　猫的脚印、狗的脚印和貉的脚印长得很像。猫走路的时候，为了不发出声响，会把爪子收进肉垫里，所以不会留下爪子印。狗的脚印虽然也有明显的爪子印，但整个脚印的形状通常比貉的细长一点。

猫的脚印

狗的脚印

貉的粪便

貉有一个习惯，会在同一个地点排便好几次，这叫"定点排便"。据说，貉这样做是为了让同类知道，这里是自己的地盘。如果发现貉"定点排便"的痕迹，就说明这里是貉经常来的地方。

貉的巢穴

貉不会打洞。在地板下面，或者储物间的阴暗角落，只要有一丁点的空间，貉就能钻进去做窝。生活在森林里的貉，则会"回收利用"獾在地上挖出来的洞穴，或是钻进现成的树洞里。

貉的"脚爪印章"

约为实物大小的一半

前脚　　　后脚

脚印上面的小点点是爪子印。

貉的小档案

分类 哺乳动物
食物 鼠、蛙、昆虫、果实等
居住地 除了山林和河岸，貉也会选择绿化比较好的公园、社区等
习性 夜行性

冬天时，貉披着一身又长又浓密的冬毛（详见左图）；等到了春天，它们渐渐会开始掉毛，换上相对较薄的夏毛（详见右图）。

城市里的"外来物种"

除了貉，城市里还有浣熊和果子狸等动物。当这些动物被引入原本没有它们的地方，它们就会变成这些地方的"外来物种"。

外来物种

"外来物种"是指某个地区原本没有的、由人类从其他地区带进来的或自然传播的物种。外来物种会带来以下几种问题：

- 捕食这个地区原有的生物（本地物种），或抢夺本地物种的食物，导致本地物种数量减少，破坏生态系统。
- 带来这个地区原本没有的疾病，传染给本地物种或人类。

出于以上原因，很多人主张把外来物种赶出去，但生物们并没有做错什么，它们只是在正常生活而已，错的是把它们带进来的人类。

生活中常见的红耳龟其实是来自北美的外来物种

浣熊

20世纪70年代以来，随着动画片《小浣熊》的热播，浣熊被当成一种宠物，从北美洲引入了日本。但浣熊天生不亲人，很多宠物浣熊都被人扔掉了，导致野生的浣熊越来越多。浣熊喜欢在水边觅食，有报告称，当地的蛙和溪蟹的数量因此减少了。不过在中国，暂时还没有浣熊逃到野外的报道。

据说浣熊会蹲在水边清洗食物

果子狸

果子狸，又叫"花面狸"，生活在东南亚和中国南方地区。20世纪以来，果子狸被大量引入日本。它们本来只生活在森林里，但近年来，在城市里也能见到它们的身影了。它们在人类住宅的阁楼里做窝，弄得到处都是粪便，还吃掉了院子里种的果子。

这是什么？

① 狗刨坑的痕迹

② 鼹鼠挖隧道的痕迹

③ 松鼠藏食物的痕迹

在大一点的生态公园也许就能发现哦！

答案② 鼹鼠挖隧道的痕迹

这不是鼹鼠洞的洞口！

地面的小土丘并不是鼹鼠洞的洞口，而是鼹鼠在挖掘或修理隧道时产生的土堆，叫"鼹鼠丘"。鼹鼠很少会到地面上来，所以它挖出的隧道很少留有洞口。

像铲子一样的脚

鼹鼠前脚的形状像铲子一样，粗壮有力，可以把面前的土拨开推向两边。鼹鼠的后脚比前脚小，但动作灵活，能把土蹬向身后。

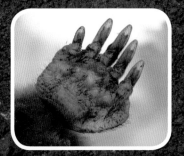
鼹鼠的前脚

鼹鼠的后脚

鼹鼠的粪便

鼹鼠很能吃，一天能吃下自身体重一半以上的食物。它的粪便里掺杂着虫子的残骸等东西。不过，鼹鼠的隧道里有专门的厕所，所以在地面上基本见不到鼹鼠的粪便。

夹杂着虫子残骸的鼹鼠粪便

鼹鼠的厕所里长蘑菇

长根滑锈伞是一种长在鼹鼠厕所上方的蘑菇，它的菌柄很长，向下延伸到鼹鼠排便的位置，从鼹鼠的粪便里吸收养分。长根滑锈伞虽然不是鼹鼠留下的痕迹，却是地下有鼹鼠的标志。

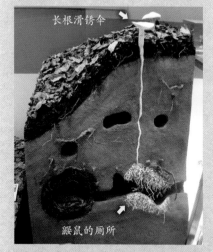

长根滑锈伞

鼹鼠的厕所

长根滑锈伞示意图

比比看！ 日本鼩鼹的隧道

日本鼩鼹是鼹鼠的亲戚，它在柔软的浅层土里一边打洞一边前进，所以它挖的隧道上方的土是鼓起来的。白天，日本鼩鼹和鼹鼠一样待在隧道里。但到了夜里，日本鼩鼹会从土里钻出来，到地面上走动。

日本鼩鼹比鼹鼠小

土层呈山脊状隆起，说明日本鼩鼹在这里打过洞

鼹鼠小档案

分类 哺乳动物　**食物** 金龟子、独角仙的幼虫或蚯蚓　**居住地** 山地或者平原的地下，有时也生活在公园和住宅的周边　**习性** 每活动2～3小时，就要休息2～3小时

昼行性与夜行性

根据活动时间段的不同，动物们被分成了两大类：主要在白天活动的叫昼行性动物；主要在夜晚活动的叫夜行性动物。

昼行性动物

指主要在白天活动，夜里睡觉的动物。在明亮的白天活动，可以更清楚地看清周围，有利于寻找食物和躲避天敌。很多昼行性动物都有着发达的视力。

松鼠是昼行性动物，靠视力来寻找树木的果实。到了晚上，松鼠会回巢睡觉。

鸽子的眼睛在黑暗中几乎看不见东西。到了晚上，它会到树上或桥梁的架子上休息。不仅仅是鸽子，很多鸟类都是昼行性动物。

大多数蝴蝶更倾向于在白天觅食，吸取白天开放的花朵的花蜜。

夜行性动物

在明亮的白天，动物们更容易被天敌发现并受到袭击，所以有的动物选择在夜里活动，在白天呼呼大睡。这些夜行性动物有的身体黑乎乎的，在黑暗的地方一点也不显眼；有的听觉或嗅觉很发达，晚上活动的时候即使看不清也不要紧。

貉的毛色在黑暗中很隐蔽，而且它的嗅觉特别发达。

蝙蝠能发出人类听不见的超声波，所以就算在一片漆黑中，也能精确地判断方向。

很少有夜行性的鸟类，但猫头鹰是个例外。它的眼睛在夜里也能看清东西，听觉也很发达。

※也有像鼹鼠这样的动物，不属于这两个类别中的任何一类。

这是麻雀的"失物"。
麻雀做了什么？

① 啄食花上的虫子

② 吸食花蜜

③ 在花旁拍打翅膀飞走了

它掉落在樱花树的下面。

答案 ②吸食花蜜

只有麻雀才会把整朵花弄掉

麻雀会用喙把樱花或桃花啄下来吸食花蜜，吸完就把花扔在地上。樱花凋落的时候，通常是花瓣一片一片地落下，整朵被扔在地上，就会很显眼。暗绿绣眼鸟和栗耳短脚鹎也会吸食花蜜，但这两种鸟的喙都比麻雀的细，能插进花心里吸食，所以基本不会把整朵花弄掉。

暗绿绣眼鸟

栗耳短脚鹎

麻雀的"脚爪印章"

和实物一样大

麻雀有4根脚趾，3根朝前，1根朝后。

麻雀小档案

分类 鸟类　**食物** 水稻等植物的种子、小虫子等　**居住地** 离人居住的地方很近　**习性** 昼行性

麻雀的数量在减少吗？

麻雀是一种在城市里很常见的鸟类，但近年来，也有人说麻雀的数量在减少。据调查，1987年到2008年间，日本麻雀的数量大概减少了六成。因为屋顶有瓦的房子适合麻雀筑巢，而这样的房子正在减少。但在中国，城市里的麻雀数量减少主要是因为它们面临白头鹎等鸟类的竞争。

洗沙浴的麻雀

麻雀洗沙浴，是为了弄掉身上的脏东西和虫子。它们通常好几只聚在一起洗，在沙堆里留下好几处凹进去的痕迹。

深褐色的凹进去的地方，就是麻雀洗沙浴的痕迹

麻雀的粪便

晚上睡觉的时候，麻雀们会集结成一大群，停在屋檐、墙洞、树上等地方，这样就不容易受到天敌的袭击了。因此，在麻雀集群睡觉的树下，可以看到很多白色的粪便。

图中白色的点全都是麻雀的粪便

这是谁的巢？

下面四张照片都是鸟筑的巢。
它们分别属于A、B、C、D中的哪种鸟？

1

竟然用了
晾衣架?！

2

做工
很粗糙。

3

用蜘蛛丝
吊在树上。

4

竟然用
塑料绳筑巢?！

A 暗绿绣眼鸟

B 栗耳短脚鹎

C 山斑鸠

D 大嘴乌鸦

这是什么？

在人来人往的屋外经常见到哦！

答案 燕子的巢

燕子的巢能连续使用好几年

春天到了，燕子经常会到建筑物的屋檐下筑巢。它用喙运来泥巴和干草，一点一点把材料粘在墙上，筑成鸟巢。燕子很恋旧，所以一旦你发现了燕子巢，那么到第二年，很可能看见燕子回来继续使用这个巢。右图为正在收集筑巢材料的燕子。

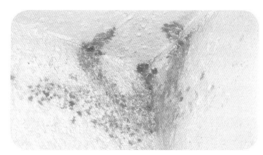

这是一个刚开始"施工"的燕子巢，是烟腹毛脚燕建造的。建好之后，巢的上方也会用泥土封上，只留一个口，像壶一样。

烟腹毛脚燕一点一点地把泥土运来，筑成巢的形状。颜色比较深的地方是刚粘上去的泥块，还湿着，等晾干之后就会变坚固了。

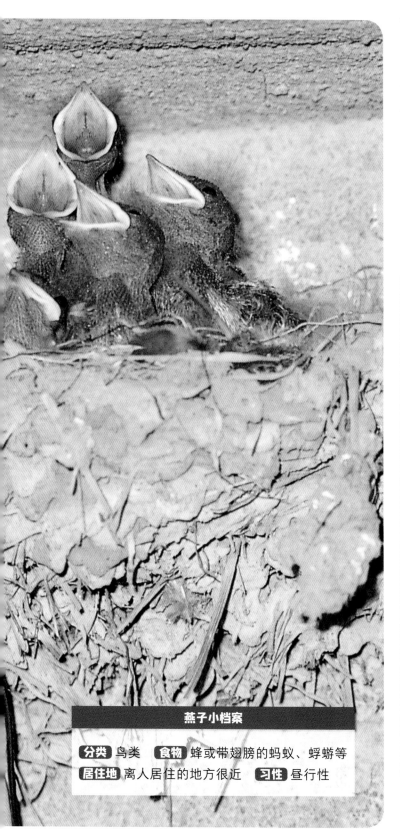

燕子的粪便

巢中的小燕子排便时，会把尾部伸出巢外，时间久了，落下的粪便就会堆成一堆。可以用雨伞做一个粪便收集器，防止粪便落下来，让人和燕子更好地相处，就像右边这张图里的一样。

各种各样的候鸟

燕子是一类候鸟。春天，小燕子出生；秋天，燕子就要去东南亚或者澳大利亚等暖和的地方过冬；等到第二年春天，燕子又会回来繁殖后代。有这种生活习性的鸟，叫作"夏候鸟"。而一年四季生活在一个地区，不随季节变化而迁徙的鸟，叫作"留鸟"。

候鸟还有以下几种：

冬候鸟：冬天来这里过冬，次年春天飞往更北的地方繁殖后代。

旅鸟：既不在这里过冬，也不在这里繁殖后代，只在迁徙的途中经过，短暂停留，这种鸟对该地区而言，就是旅鸟。

大天鹅（冬候鸟）

青脚鹬

麻雀（留鸟）

＊根据中国不同地区分为旅鸟或冬候鸟

燕子小档案

分类 鸟类　**食物** 蜂或带翅膀的蚂蚁、蜉蝣等
居住地 离人居住的地方很近　**习性** 昼行性

懂得利用人类活动的鸟

生活在城市里的一些鸟，学会了利用人类活动给自己提供方便。我们管这些鸟叫"城市鸟"。

远东山雀

远东山雀是一种大小和麻雀差不多的鸟，它经常会在人造物里筑巢。为什么呢？有一种说法是，因为巢址周围有人类活动，不容易遭到天敌的袭击。据说，麻雀喜欢在人来人往的地方筑巢，也是同样的道理。

正在往门把手的缝隙里搬运筑巢材料的远东山雀

乌鸦

乌鸦会从人类丢弃的湿垃圾里找东西吃，这也是一种利用人类活动的行为。乌鸦还会把核桃放在马路上，等待经过的车辆把核桃壳轧开。能想出这种办法，乌鸦可真聪明啊！

在废弃的意见箱里筑巢的远东山雀

被乌鸦扒得乱七八糟的垃圾袋

是谁躲在缝隙里？

这是屋顶和墙面之间的缝隙。

有一些脏脏的痕迹。

① 蝙蝠　② 老鼠　③ 蜥蜴

在蝙蝠的巢穴里，有很多只
蝙蝠挤在一起

脏脏的痕迹是蝙蝠巢穴的标记

蝙蝠会选择在建筑物的屋檐下或桥梁的架子上筑巢。它喜欢入口狭窄的地方，所以进进出出的时候，身上的脏东西就会蹭到这些地方。这些脏脏的痕迹就说明这里是蝙蝠的巢穴。

蝙蝠的粪便

粪便

在蝙蝠巢穴的下方，可以发现大量长约1厘米的细长形粪便。

图中褐色的像土一样的东西，就是积攒起来的蝙蝠粪便

张开翅膀的蝙蝠

蝙蝠小档案

分类 哺乳动物 　**食物** 主要是有翅膀的昆虫
居住地 平原、离人类很近的区域 　**习性** 夜行性
※城市里常见的蝙蝠是普通伏翼。上图是一只贴在墙壁上的普通伏翼。

"蝙蝠巢箱"是什么？

"蝙蝠巢箱"是人类为蝙蝠准备的用作巢穴的箱子，用英语说就是"bat box"。绝大多数蝙蝠会吃蚊子等害虫，对人类来说蝙蝠是有好处的动物，也就是"益兽"。设置蝙蝠巢箱，就是为了保护蝙蝠。

入口

固定在桥梁架子上
的蝙蝠巢箱

这些歪歪扭扭的痕迹是什么？

这辆车可真脏呀！

① 蜗牛爬过的痕迹

② 蜗牛觅食的痕迹

③ 蛇爬过的痕迹

照片拍摄的是车后窗。

19

答案 ② 蜗牛觅食的痕迹

蜗牛用刮的方式吃东西

蜗牛嘴里有个像舌头一样的东西，叫"齿舌"。齿舌的表面很粗糙，可以把食物从物体表面刮下来。上一页图片中歪歪扭扭的痕迹，就是蜗牛刮食车上的污垢时产生的。蜗牛吃的不是污垢本身，而是里面富含的藻类。汽车和广告牌等东西，放在外面风吹雨打，时间久了，上面就会长出藻类。

蜗牛的嘴

蜗牛小档案

分类 软体动物		**食物** 藻类及各种植物	
居住地 潮湿的地方		**习性** 夜行性	

蜗牛的粪便

蜗牛吃的东西不一样，拉出来的粪便的颜色也会不一样。请看右图，蜗牛的肛门位于身体的侧面。

蜗牛的肛门在这里

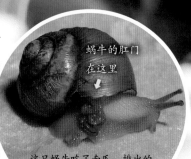
这只蜗牛吃了南瓜，排出的粪便就是橘黄色的

右旋还是左旋？

不同的蜗牛，壳上螺纹的旋转方向也不一样。大多数蜗牛的螺纹，是从中心向右旋转的（顺时针方向）。左旋的蜗牛很少，右边这张照片就是一只螺纹从中心向左旋转的蜗牛。

左旋的蜗牛

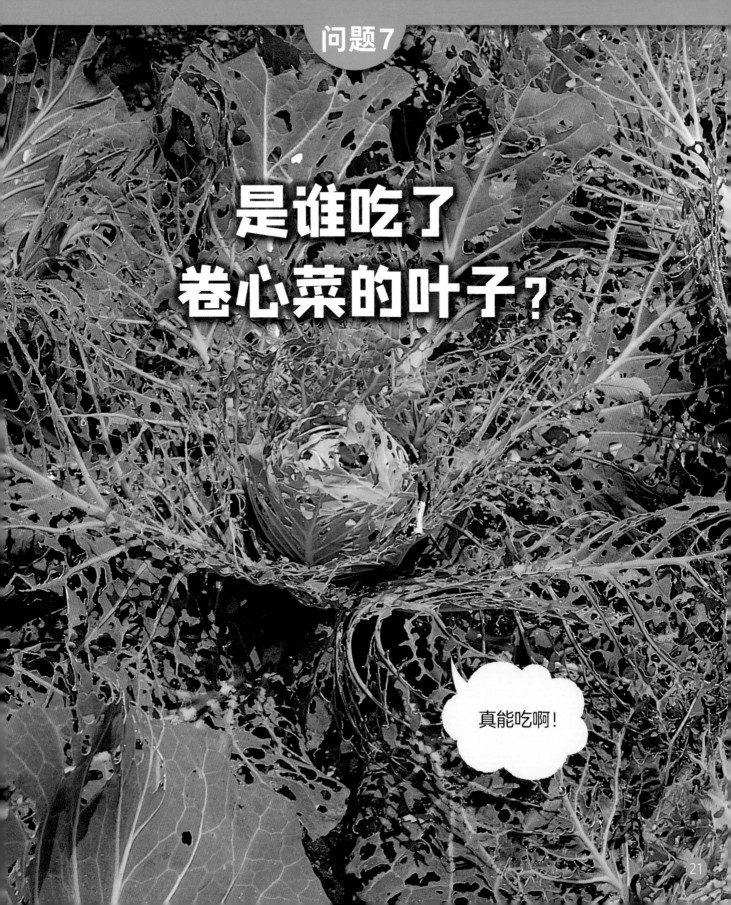

答案 菜粉蝶的幼虫

卷心菜的叶子是最爱

菜粉蝶的幼虫最喜欢吃卷心菜的叶子了。它的胃口很大，一小口一小口地啃，能把叶肉都啃光，只留下比较粗的叶脉。这种幼虫要经历4次蜕皮，然后化蛹，最后变成菜粉蝶成虫。

粪便 ➡️

菜粉蝶幼虫的粪便

在被吃掉的叶子周围，有很多掉落下来的小圆球，这就是菜粉蝶幼虫的粪便。粪便闻起来有一股茶叶的气味。

比比看！ 蝴蝶的幼虫

不同的蝴蝶幼虫，喜欢吃的植物也不同。比如，柑橘凤蝶幼虫喜欢吃柑橘或柠檬的叶子，而金凤蝶幼虫喜欢吃胡萝卜或欧芹的叶子。

柠檬树的树枝和柑橘凤蝶幼虫

胡萝卜的叶子和金凤蝶幼虫

昆虫是怎么呼吸的？

人类用鼻子和嘴呼吸，而昆虫大多是通过"气门"来呼吸的。就拿菜粉蝶的幼虫来说，在它的身体侧面，有很多小黑点一样的东西，就是气门。幼虫通过这些气门吸收氧气，排出体内的二氧化碳。

气门

口器

菜粉蝶的成虫伸出长长的口器吸食花蜜

菜粉蝶小档案

分类 昆虫 **食物** 幼虫吃卷心菜、油菜之类的叶子，成虫吸食花蜜 **居住地** 农田、草地、院子等 **习性** 昼行性

一起观察蝉蜕吧！

到了夏天，在城市里也能找到蝉蜕。不同蝉的蝉蜕
长得也不一样。

油蝉的一生

夏天的时候，油蝉妈妈把卵产到树干里。到次年6月前后，幼虫破卵而出。幼虫从树上掉下来，钻进土里，在地下完成好几次蜕皮。等它钻出土壤回到地面，已经是好几年以后了。夏天的夜晚，它爬到树上，开始羽化（从幼虫变为成虫的过程）。羽化完成后，蝉蜕就被留在原地了。

刚羽化出来的油蝉身体很软，颜色发白

蝉蜕的识别方法

街上常见的蝉主要有以下5种。图中蝉蜕的尺寸和实物的大小几乎是一样的。

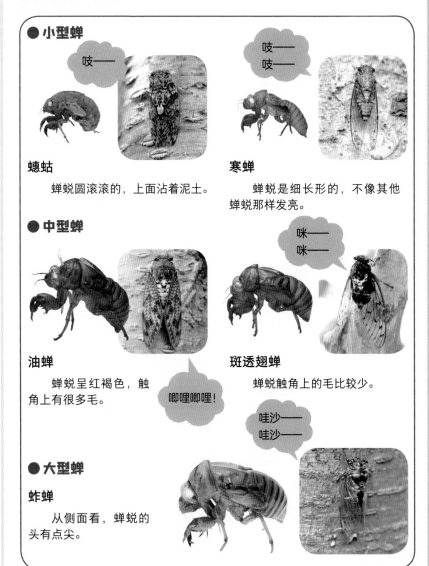

● 小型蝉

吱——

蟪蛄

蝉蜕圆滚滚的，上面沾着泥土。

吱——
吱——

寒蝉

蝉蜕是细长形的，不像其他蝉蜕那样发亮。

● 中型蝉

油蝉

蝉蜕呈红褐色，触角上有很多毛。

咪——
咪——

斑透翅蝉

蝉蜕触角上的毛比较少。

唧哩唧哩！

● 大型蝉

蚱蝉

从侧面看，蝉蜕的头有点尖。

哇沙——
哇沙——

城市里发现的虫虫"失物"

城市里最容易发现的动物"失物"，可能就是虫虫们丢下的。去它们出没的地方找找看吧！

在低矮的灌木丛里，经常能看见白色的网状物挂在上面，那是漏斗蛛的巢。它在灌木丛上织网，等待着它要吃的小虫送上门来。猎物一上钩，漏斗蛛就会从巢里面冲出来，抓住猎物。

灌木丛

从秋天到冬天，灌木丛里都可以找到左图中这种棕色的小块，这是螳螂的卵鞘。刚产下来的螳螂卵鞘是白色的，呈泡沫状，时间久了，就变成了棕色的硬块。临近春天的时候，小螳螂就会孵化出来。一个卵鞘里能孵化出几百只小螳螂。

螳螂的幼体

螳螂的成体

公园的树

树干上圆圆的洞，说不定是天牛钻出来留下的。天牛在树干里产卵，孵化出来的幼虫就以木头为食物。幼虫在树干里化蛹，变成成虫后，就用自己的大颚在树上开个洞钻出来。

马蜂经常在人类居住的区域筑巢。它用唾液把树木和草的纤维混合均匀，筑成巢。马蜂的脾气不太暴躁，只要人类不先惹它，它几乎不会主动攻击人。

房子的外墙

茂密的枝叶间

小环蛱蝶的幼虫喜欢吃野葛的叶子。它把叶片的前半部分咬下来，等咬下的叶片干枯后，就把叶片当成毯子，把自己包起来，躲在里面。幼虫和枯叶的颜色一样，因此藏在里面很隐蔽。

小环蛱蝶幼虫藏身的叶子

小环蛱蝶的成虫

隐蔽的角落

瓢虫的幼虫

瓢虫的蛹

瓢虫蜕下来的壳

在这些隐蔽的角落里，粘着一些瓢虫的蛹和蜕下来的壳。瓢虫一般在房子的外墙、树干或叶子的背面蜕壳，慢慢变成成虫。从卵中孵化的瓢虫幼虫，只要一个月就能长成成虫。

瓢虫的成虫

生物分类表

　　这一页把前面出现过的所有生物小档案，按照生物分类法分成了几大类。现在，一起来看看整理好的分类表吧！

脊椎动物（背上有脊椎）

哺乳动物

呼吸方式：用肺呼吸
体温：恒定
身体：有体毛
繁殖：产下幼崽
举例：貉、鼹鼠、蝙蝠、海豚等

鸟类

呼吸方式：用肺呼吸
体温：恒定
身体：有羽毛
繁殖：产卵
举例：麻雀、燕子、企鹅等

爬行动物

呼吸方式：用肺呼吸
体温：随气温变化
身体：有鳞片
繁殖：产卵
举例：龟、蛇、蜥蜴等

两栖动物

呼吸方式：幼体用鳃，成体用肺或鳃呼吸
体温：随气温变化
身体：覆盖黏膜
繁殖：产卵
举例：蛙、蝾螈等

鱼类

呼吸方式：用鳃呼吸
体温：随水温变化
身体：有鳞片
繁殖：产卵
举例：青鳉、香鱼等

无脊椎动物（没有脊椎）

节肢动物

昆虫

身体分为头、胸、腹3个部分，有2根触角，通常有6条腿
举例：蝴蝶、蝉等

软体动物

身体柔软
举例：蜗牛、章鱼等

其他

蚯蚓、水母、海星等

 #### 甲壳类

举例：螃蟹、球鼠妇等

多足类

举例：蜈蚣、蚰蜒等

 #### 蛛形类

举例：蜘蛛、蝎子等

※每种动物分类的特征都会有例外。

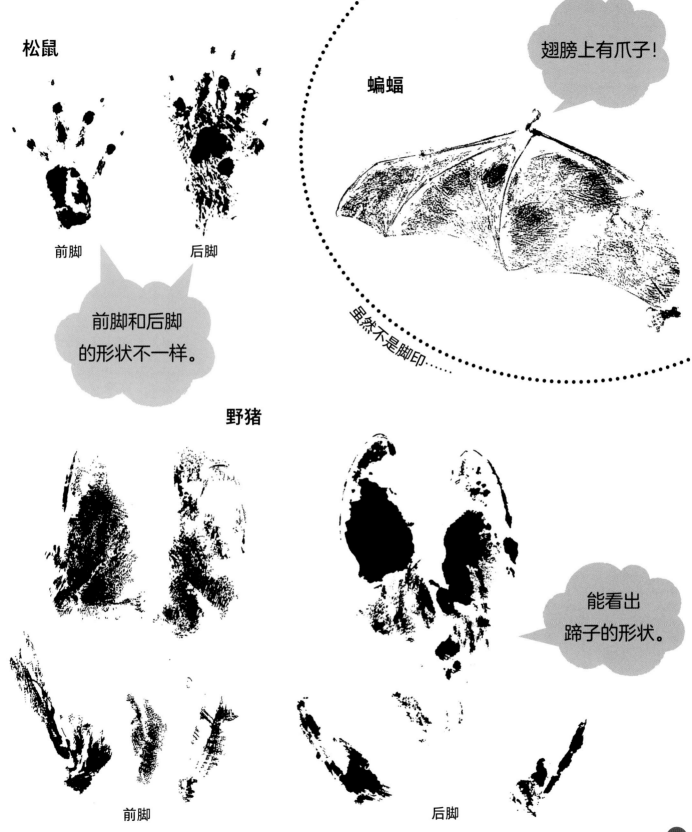

松鼠

前脚　　　　　后脚

前脚和后脚的形状不一样。

蝙蝠

翅膀上有爪子！

虽然不是脚印……

野猪

能看出蹄子的形状。

前脚　　　　　后脚

● **日本儿童俱乐部（中嶋舞子、原田莉佳、长江知子、矢野瑛子）/ 编**

　　"儿童俱乐部"是日本"N&S策划编辑室"的昵称，致力于在游玩、教育和福利领域为儿童策划和编辑图书，每年策划和编辑图书100余种。主要作品有《感官训练游戏》（全5册）、《海洋完全大研究》（全5册）等。

● **小宫辉之 / 审校**

　　日本动物科普专家，1972年起先后担任多摩动物园饲养科科长、上野动物园饲养科科长，并在2004—2011年担任了上野动物园的园长。

　　著有《日本的野鸟》《实物等大·手印脚印图鉴》《比比看：哺乳动物的不同》等作品。兴趣是收集动物的脚印拓本，已经坚持多年。右图中，小宫辉之正在拓印非洲象的脚印。

● **何鑫 / 审校**

　　生态学博士、上海自然博物馆副研究员、上海市优秀科普作家，主要从事动物生态学和保护动物学等领域的科研工作，撰写过数百篇与野生动物保护有关的科普作品，热衷于科普和环境教育活动。